Culture and Appreciation
of Butterflies

◎顾茂彬　陈佩珍　主编

蝴蝶文化

与鉴赏

（修订版）

U0782109

广东省出版集团

广东科技出版社

·广州·

图书在版编目（CIP）数据

蝴蝶文化与鉴赏/顾茂彬，陈佩珍主编.—2版（修订版）.—广州：广东科技出版社，2011.10
　　ISBN 978-7-5359-5626-2

　　Ⅰ.①蝴…　Ⅱ.①顾…②陈…　Ⅲ.①蝶蛾科—研究　Ⅳ.① Q969.42

　　中国版本图书馆 CIP 数据核字（2011）第 197400 号

责任编辑：罗孝政　尉义明
封面设计：柳国雄
责任技编：任建强
出版发行：广东科技出版社
　　　　　（广州市环市东路水荫路 11 号　邮政编码：510075）
E-mail：gdkjzbb@21cn.com
http://www.gdstp.com.cn
经　　销：广东新华发行集团股份有限公司
印　　刷：广州伟龙印刷制版有限公司
　　　　　（广州市沙太路银利工业大厦 1 栋　邮政编码：510507）
规　　格：787mm × 1 092mm　1/16　印张 7.5　字数 180 千
版　　次：2009 年 4 月第 1 版　2011 年 10 月第 2 版
　　　　　2011 年 10 月第 2 次印刷
印　　数：1～5 000 册
定　　价：32.00 元

如发现因印装质量问题影响阅读，请与承印厂联系调换。

《蝴蝶文化与鉴赏》（修订版）编辑委员会

序

Foreword

　　中国是一个有丰富文化传统的东方大国，蝴蝶文化包含其中。蝶类以其鲜丽的色彩、轻盈的舞姿被誉为"会飞的花朵"。蝴蝶还被誉为天然的艺术品，历来受到文人墨客的青睐。中国诗、词、曲中有蝴蝶内容的达5 000多首，杜甫的"穿花蛱蝶深深见，点水蜻蜓款款飞"，李白的"八月蝴蝶黄，双飞西草园"，均可谓不朽佳作；庄周梦蝶、梁山伯与祝英台的爱情故事家喻户晓；今天的《两只蝴蝶》一曲，将现代的爱情表现得淋漓尽致。出现在工艺品、雕刻、刺绣、装饰品、日用品上的各种蝴蝶图案美不胜收，从古至今绵延不绝，使现代生活更加丰富多彩。蝶画中精心细绘的蝴蝶，达到了惟妙惟肖的程度。唐高祖第二十二王子李元婴，善丹青，尤喜画蝶，其技法精妙独特，无与伦比，唐贞观十三年，即公元639年受封为滕王，"滕派蝶画"因此而得名。滕派蝶画经历1 000多年至今未失传，现"中国河南滕派蝶画院"院长佟起来先生是滕派蝶画的传人。

　　蝴蝶是当代生物多样性保护中十分重要的生物类群，是保护生态环境的一项重要内容。凡蝶类多的地方，必然生态环境优美，蝴蝶成了生态环境保护质量优劣的重要指示生物。保护蝴蝶资源，达到可持续性利用，特别是科学技术的进步使蝴蝶资源可持续性利用的前景更为广阔，例如蝴蝶鳞片防热的原理已经应用到人造卫星上，在国防等

方面发挥了巨大作用。世界各地兴建的各种蝴蝶园使人感悟到自然和谐的美妙。蝴蝶传播花粉，与植物的进化、农业生产等的关系十分密切。蝴蝶迎着阳光，飞舞于鲜花丛中，使大自然充满了灵气和生机，因而受到人们的喜爱。但20世纪90年代初以前，中国蝴蝶的研究一直滞后于时代的发展，斯肩负重任，于1994年主编了《中国蝶类志》，尔后，许多蝴蝶新种、新亚种、中国分布新记录被发现，出版了多部蝶类著作和发表了许多研究报告，涌现了一批年轻科学家和蝶类爱好者。在此氛围中，顾茂彬先生与陈佩珍女士又合著了《蝴蝶文化与鉴赏》一书，该书图文并茂，能把蝴蝶的知识、蝴蝶的美献给热爱大自然、关心生态环境建设和热爱生活的人们，也可使美术工作者、设计工作者从中得到创作的启迪，很有收藏价值。谨将此书推荐给广大读者并乐于为之作序。

中国昆虫学会蝴蝶分会名誉会长　　周尧

再版前言

Preface

　　我国是文明古国，包括蝶文化在内的中华民族文化是世界文明的瑰宝，其中与蝴蝶有关的诗歌、佳作，古来有5 000余首；蝶画生动多彩，其始于何时与何人之手已无法考证，但可追溯到公元639年被封为滕王的唐代李元婴，他善蝶画，技术精妙独特，无与伦比，因而"滕王蛱蝶图"被视为滕派蝶画的祖本。滕派蝶画经历了唐、宋、元、明、清至今天，1 000多年没有失传而继往开来。2001年9月，笔者在河南省开封市寓所，有幸拜访了滕派蝶画的唯一传人——年庚已九十四高寿的佟冠亚老先生和其子佟起来先生，以蝶为缘，虽初次见面，彼此十分亲切，获赠的"百蝶图"照片现刊于本书，供读者共赏。

　　中国林业科学研究院热带林业研究所试验站于2007年启动
了"蝴蝶人工繁殖技术的研究"项目并把编著《蝴蝶文化与鉴
赏》一书的任务纳入其中，在项目组顾问徐大平所长和同仁的
参与及努力下，本书编写进展加快。文稿和图片编排后，得到我
国著名蝴蝶分类专家王敏教授和他的学生陈刘生博士的审核；
台湾著名蝴蝶分类学家陈维寿先生、徐堉峰先生提供的蝶类生
态照为本书增色不少；寿建新先生提供的蝴蝶邮票、金斑喙凤
蝶钱币、亚历山大鸟翼凤蝶图片，丰富了本书的蝶文化内容；
佟起来先生提供的滕派蝶画照片和陈少芳艺术大师提供的蝴蝶
粤绣照片，可使读者欣赏和领略到当代滕派蝶画和刺绣技术的
精妙与艺术成就。

　　我们在野外拍摄蝴蝶生态图片的过程中，得到尖峰岭国家
级自然保护区、南岭国家级自然保护区的支持，蝴蝶爱好者曾
伟宏先生、曾友梅女士的帮助。

　　热带林业研究所科研处吴仲民处长对本书的编写给予热忱支
持和鼓励。

在此,对周尧老先生和上述同仁的热忱帮助与支持,谨表示我们的敬意和深深的谢意!

《蝴蝶文化与鉴赏》于2009年出版后,受到广大蝴蝶爱好者、生态摄影人士的热捧,不到一年,即告售罄。为了满足广大读者对蝴蝶文化及其生态美探索的需要,笔者力邀吴云、陈锡昌、陈一全、杨建业等优秀生态摄影家对本书进行了修订,增加了大量精美蝴蝶生态照片,梳理充实了蝴蝶文化相关内容,订正了部分蝶种的学名,使之内容更加系统,形式更加精美。

蝴蝶美丽动人,被誉为"会飞的花朵"。本书设想通过传布蝴蝶文化,激发人们为之持续发展和创新而努力;并遴选了丰富唯美的图片,力争充分突显蝴蝶的绚丽和生动,使该书成为能融科学性、知识性、趣味性和观赏性为一体的科普读本。但由于作者水平有限,难免有不尽如人意和错误之处,敬请读者指正。

顾茂彬

2011年9月10日

目 录
Contents

一、蝴蝶密码

　　蝴蝶很美，被誉为"会飞的花朵"，是自然界中最能展示缤纷色彩的动物。那么，蝴蝶在动物界处于什么地位？其形态特征是什么？其巧夺天工的色彩搭配又有何秘密呢？还有，蝴蝶有哪些生存绝技与大自然抗衡？要回答这些问题，就需解读蝴蝶密码。

镉黄迁粉蝶 *Catopcilia scylla*（Linnarus）

月目大蚕蛾 *Caligula zuleika* Hope

蝶 蛾 区 别

　　蝴蝶属节肢动物门（Arthropoda）昆虫纲（Insecta）鳞翅目（Lepidoptera）锤角亚目（Rhopalocera）。蝶类和蛾类同属鳞翅目，它们之间的区别见下表及下图。其中最主要的区别是触角的形态，所谓"蝶类触角一对棒，蛾类触角多花样"，比较形象地说明了蝶类与蛾类的区别。

蝶类与蛾类的区别

名　　称	蝶　　类	蛾　　类
触　　角	棒状、锤状（弄蝶例外）	羽状、丝状
翅　　型	大多宽大	大多狭小
腹　　部	大多瘦长	大多粗短
前后翅的联络	无连接器（部分弄蝶例外）	有特殊连接器
静息时状态	两对翅竖立于背面（少数平展）	两对翅平展或呈屋脊状
活动时间	白天	多数夜间

巴黎翠凤蝶 *Papilio paris*

非洲多尾燕蛾 *Chrysiridia riphearia*

孔雀蛱蝶 *Inachis io*

青球箩纹蛾 *Brahmaea hearseyi*

蝶类与蛾类的区别

外 部 构 造

蝴蝶的身体由头、胸、腹三部分组成。蝴蝶的颜色则由鳞片形成。

头部

蝴蝶的头部半圆形或椭圆形，头部没有单眼，两侧有1对发达的复眼，复眼由上万个六角形的小眼组成。复眼内侧为1对多节的触角，其端部膨大呈棒状或锤状（锤角亚目由此得名）。头前下方有1根粗而长的喙，用以吸食和吸水，不用时卷曲在两个下唇须之间，这种口器称为虹吸式口器。下唇须发达，伸出头顶。

胸部

蝴蝶的胸部分为前胸、中胸和后胸三胸节，前胸最小，中胸最发达。胸部3节腹面着生了3对足，称为前足（有些种退化）、中足和后足。在中胸和后胸的翅基片上各着生1对翅，称为前翅和后翅。翅上布满各种各样的鳞粉，因此称该目为鳞翅目。前翅呈三角形，后翅略圆或有尾突。翅的基部叫翅基，3条边分别称为前缘、外缘和后缘。前后翅上有翅脉，多为纵脉，少数种有横脉。

腹部

蝴蝶的腹部由9～10个体节组成，其内有消化系统、呼吸系统、循环系统、排泄系统和生殖系统。

蝴蝶成虫的形态特征
A. 前翅；B. 后翅；C. 触角；D. 头部；E. 喙；F. 胸部；G. 腹部

红斑翠蛱蝶 *Euthalia lubentina*（Cramer）

颜色

　　蝴蝶的颜色是由鳞片形成。构成鳞片颜色的有色素色、结构色和综合色。色素色又称化学色，有黑色素、蝶呤素、花红素、红色素等，这些色素粒可起氧化、还原等化学作用，所以在长时间光照条件下易褪色；结构色又称物理色，有鳞片的形状、大小、表面沟脊的数目、距离与结构的千差万别，这种由光照折射、反射和绕射所形成的自然色泽，在长时间光照条件下不易褪色；综合色又称化学物理色或色素结构色，它在色素色基础的鳞片上，随着物理变化而产生不同的色彩。蝴蝶的颜色大多为综合色。

　　也有研究指出。蝴蝶的颜色并非完全来自色素本身，它们翅膀上鳞片的结构巧妙地控制光线的折射，是蝴蝶颜色缤纷的秘密。

生 活 习 性

成虫

蛹

幼虫

卵

蝴蝶（裳凤蝶 *Troides helena*）的生活史

生活史

　　蝴蝶属全变态昆虫，一个世代经历卵、幼虫、蛹和成虫4个发育阶段。了解其生活史，有助于对蝴蝶的研究、蝶类资源的可持续性利用和对极少数有害蝶类的生态控制。

蝶类为变温动物，气温高发育就快，完成一个世代的历期短，反之则长，所以年世代数与气温关系极为密切。我国中部和北部地区，冬季低温时间长，大多数蝶类以蛹越冬，也有少数以老熟幼虫、卵和成虫越冬（越冬分休眠和滞育两种情况），大多一年只发生1~3个世代。我国南方气温高，海南岛南部冬季月平均气温在20℃以上，所以冬季都有各虫态，且世代重叠，据笔者观察，迁粉蝶（*Catopsilia pomona*）每年发生达15代。

成虫习性

1. 羽化

蛹期经过激烈的分化，由红细胞破坏幼虫的旧器官，创新组成成虫的新器官，发育为成虫，利用血压挤破蛹壳和胸部的背中线，伸出头和前足，然后整个身体爬出来，该破壳而出的过程叫羽化。同批幼虫所化之蛹，雄蝶早于雌蝶羽化。成虫于

蝴蝶羽化（白绢蝶 *Parnassius stubbendorfii*）

蛹壳中爬出后，大多在蛹壳上停息。停息时间长短与日照有关，清晨羽化的，可停3～5小时，太阳升起后羽化的，约停1小时即开始飞行。

利比尖粉蝶（*Appias libythea*）

青斑蝶（*Tirumala limniace*）

蝴蝶交尾

2. 交尾

雄蝶羽化后，须飞行一段时间方可交尾，而雌蝶羽化后，翅膀还未完全张开就可与雄蝶进行交尾，因此，当天羽化的雌蝶大多与前一天或前几天羽化的雄蝶交尾。雄蝶大多在寄主植物周围追截雌蝶，若雌蝶还未交过尾，停下后把尾端平展，雄蝶则迅速扑向雌蝶，几秒钟即可完成交尾；若雌蝶已交过尾，则通过在树冠中穿飞或高飞来躲避雄蝶的追截，而雄蝶往往穷追不舍或在雌蝶前后打圈使其飞行受阻，此时雌蝶只好停在树叶或坠至地面高举腹部，以示拒绝交尾，一般看到此状后，雄蝶缠绕一会儿后就会离去。交尾过程中如遇到惊扰，有的雄蝶主动起飞，有的雌蝶主动起飞，主动起飞的雄蝶或雌蝶拖着倒悬在下方的异性飞到安全的地方。大多数绢蝶交尾后在交尾囊开口处的基部生出形态各异的衍生物一枚，阻止再行交尾。交尾方式呈"一"字形，尾部相接，头分两端。

3. 产卵

卵是蝴蝶生命的开始，卵的形态因不同种类而异，有圆球形、半球形、盘形、纺锤形、塔形等。卵大多散产于寄主的嫩叶背面或嫩芽上，少数产于寄主附近的其他植物上。产卵时雌蝶不停地在寄主植物上停落，每停落1次产卵1粒，也有停落1次产卵2～4粒的，不过每产1粒卵后，雌蝶往往在寄主植物上爬行一段距离后才产下一粒卵。少数蝴蝶卵产在一起，成堆或有规律地排列。

4. 性比

蝴蝶的性比往往与营养和环境条件密切相关,营养和环境条件好,说明种群有生存的空间,雌性比例稍高;营养和环境条件差,雄性比例略高,这是生物界经过长期的自然选择而形成的自我调控机制。性比1∶1为少数,大多情况下雄蝶略多于雌蝶,笔者养殖诸蝶中性比最高的为1∶1.5。

5. 取食与吸水

蝴蝶在自然界非常活跃,在生命活动中必须吸食营养物质。不同种群所需的营养物质是不同的。有的蝴蝶选择性很强,只吸食特定植物的花蜜;有的蝴蝶种群既取食花蜜,也取食腐臭的粪便;有的蝴蝶种群吸食动物腐烂的尸肉;一部分眼蝶、环蝶、蛱蝶取食烂果;而有多种蛱蝶、眼蝶、环蝶取食树液和粪便,由此可见蝴蝶的食性很广。

取食花蜜(绿弄蝶 *Choaspes benjaminii*)

吸食烂果(黑脉蛱蝶 *Hestina assimilis*)

水是生命活动不可缺少的物质,因此,在炎热干旱的季节,大量蝴蝶群集于湿地、溪边,其中粉蝶种群最多,凤蝶、斑蝶种群次之,并且以雄蝶为主。我们曾经看到成千上万只粉蝶和凤蝶在湿地上吸水的壮观象。

吸水（左：绿凤蝶 *Pathysa antiphates*；右：迁粉蝶 *Catopsilia pomona*）

6. 栖息与活动

蝶类白天栖息时，有的趴在叶面静息，如金斑喙凤蝶（*Teinopalpus aureus*）；有的像蛾类一样平贴在叶背，如八目丝蛱蝶（*Cyrestis cocles*）；有的翅膀叠起，停息在树冠下的枝条上。蝶类是变温动物，其活动与温度的高低密切相关，清晨和晚上气温较低，处于静息状态。当太阳升起后，可见到蝴蝶展开双翅，面向太阳取暖，待体温升高后便开始活动，9∶00～11∶00其活动最为活跃，以后活动和停息交替进行，16∶00后大多蝴蝶选择植物枝叶茂密处过夜。弄蝶科和环蝶科中的某些种则喜在早晨和傍晚活动。高山地区多种蝴蝶的活动与阳光有关，当阳光普照时，群蝶飞舞，太阳被云雾遮盖时，活动则骤然停止。有的蝴蝶活动范围比较窄，仅限于某个植被类型或寄主附近，有的则能在多个植被类型中活动，可见不同种群的蝴蝶其生命活动的规律是不同的。即使同一种蝴蝶，雌蝶和雄蝶的活动范围和地点也不同，雌蝶为寻找寄主产卵和取食而活动，活动范围相对较窄，雄蝶为寻找配偶、取食和饮水而活动，活动范围较广。另外，同种蝴蝶还有嬉闹追逐的现象，大多雄蝶追雌蝶，也有雌蝶追雄蝶的，或者雄蝶之间相互追逐。追飞活动大多在水平状态下进行，也有的垂直向上。在地形复杂的山区，多种蝴蝶富集山顶或沿沟谷、山脉走向飞行，称之为"蝶道"。

蝴蝶飞行姿态各异，有的直线前进，有的跳跃式前进，有的舞动前进，有的忽左忽右式前进。从飞行的速度而言，有的极快，有的比较缓慢，有的斑蝶还可像鹰一样地滑翔。

7. 迁飞

蝴蝶有迁飞和群集的习性，该习性有利于种群的生存。迁飞的群体大小不一，大多群体较小不易被人们发现，迁飞的距离有长有短。正由于蝴蝶有迁飞的习性，才有本地种和迁入种的区别。世界上有210多种蝶类能作迁徙飞行，定期大规模迁飞往往与性激素的互相引诱、寄主植物和蜜源植物及其温湿等生态环境条件的变化有关，这种迁飞习性是在进化过程中形成并受遗传基因控制的。在北半球，冬天由北往南迁飞，夏天则由南向北迁飞，其中君主斑蝶从加拿大、美国北部迁往墨西哥蝴蝶谷的壮举最为生动，迁徙距离达5 000千米，数量有数十亿只之多。

8. 寿命

成虫的寿命指从羽化到死亡的时间，其长短因种而异，北方少数种长的达11个月，成虫越冬后到第2年产卵后才死亡。热带地区大多数蝴蝶寿命较短，雌蝶产完卵或还有少量卵未产就会死亡，一般为10~15天；雄蝶未经交配的可活20~30天，完成交配任务的雄蝶寿命较短，有的只有2~3天。

9. 多型和变异

（1）性多型。蝴蝶雌雄形态相同者称为雌雄同型；在色彩、斑纹以及其他特征上雌雄不同者称为性二型。美凤蝶（*Papilio memnon*）雌性有

雌性多型（美凤蝶）

两种以上的形态，称之为雌性多型。

（2）季节多型。我国南方地区，蝴蝶一年发生多代，如美眼蛱蝶会有春型、夏型、秋型的差别，还有湿季型与干季型的差别。这种不同型的产生，主要受温湿度和光照的影响。

（3）地理多型。同一种蝴蝶，生活在距离较远的不同地区后，色彩、斑纹产生差异，称之为地理多型。地理多型的产生，主要是受不同地区、不同生态环境综合影响的结果。

（4）雌雄嵌合体。在自然界偶然发生雌雄同体的情况，生殖腺的一侧是雄的，另一侧是雌的。同时，外部形态上也表现为一侧附合雄性的特征，另一侧表现为雌性特征。这种雌雄嵌合体的现象，民间称之为"阴阳蝶"。雌雄嵌合体在分类上没有意义，但因发生稀少，具收藏价值。

①雌雄嵌合体的类型。在昆虫纲中有很多种昆虫具有雌雄嵌合现象，据《动物学记录》（1980~2000年）中收录的雌雄嵌合体昆虫有283例，这些昆虫隶属于14个目83个科。雌雄嵌合体昆虫有两大类，一类为不均衡式，表现为雌性与雄性结构比例不是1∶1；另一类为均衡式，包括左右相对式、前后相对式和随机相对式。我们常说的阴阳蝶就是左右相对式。

不均衡式（左：白带锯蛱蝶 *Cethosia cyane*；右：美凤蝶）

②嵌合体的一般发生机制。昆虫雌雄嵌合体现象的发生，是在生命形成过程中可能发生以下5种不正常情况造成的：部分受精、重复受精、染色体分离异常、性染色体异常缺失、染色体连锁互换异常。

均衡式（金斑蛱蝶 *Hypolimnas misippus*）

③雌雄嵌合现象对昆虫生物学的影响。雌雄嵌合体昆虫的行为异常，大多数不能正常完成生殖活动，据研究报道，能正常完成生殖活动的只占10%~15%。有的虫种在某一时间内表现为雄虫行为或雄性行为，而在另一时间内表现为雌虫行为或雌性行为；有的虫体的一个部位表现为雄虫的行为，而在虫体的另一个部位表现为雌虫的行为；有的在虫体的一个部位，同时表现为雄虫和雌虫的行为。

（5）畸形。每一种蝴蝶的形态及其大小，都有一个正常的变动幅度，由于幼虫取食寄主植物的种类不同和食量的不同，因此有的个体异常瘦小。另外，左右翅膀发育不对称，甚至有的个体一侧的翅膀裂成2片，但翅面斑纹和其他特征基本与正常的相同，这种个体称之为畸形。

珐蛱蝶 *Phalanta phalantha*（前翅畸形）

拟斑脉蛱蝶 *Hestina persimilis*（前翅二瓣）　达摩凤蝶 *Papilio demoleus*（后翅畸形）

畸形

（6）变色。由于遗传基因的作用，每一种蝴蝶的颜色和斑纹都是特定和不变的，但有的蝴蝶翅上的斑纹会出现异常变色现象。目前未见研究这种现象发生机理的报道，笔者认为可能与遗传基因突变和环境因子有关，因为变异后斑纹差异明显。有些分类学家把它作为新种处理，这是欠妥的。一般而言，斑纹模糊和不清晰是异常变异个体的共同特征。另外，确定新种还要进行外生殖器的解剖。

达摩凤蝶 *Papilio demoleus*

斑凤蝶 *Chilasa clytia*

虎斑蝶 *Danaus genutia*

蓝凤蝶 *Papilio protenor*

鹤顶粉蝶 *Hebomoia glaucippe*

绢斑蝶 *Parantica aglea*

玉带凤蝶 *Papilio polytes*

玉带凤蝶

幸运辘蛱蝶 *Cirrochroa tyche*

绿带翠凤蝶 *Papilio maacki*

金斑蝶 *Danaus chrysippus*

金斑蝶

变色

幼虫习性

1. 孵化

卵由胚胎发育成幼虫后破壳而出的过程叫孵化。幼虫孵化时间有的以白天为主，有的以晚上为主，在中午前后孵化的较少。

2. 取食

有些幼虫从卵壳中爬出后，略停息一下即调过头来取食卵壳，有的还取食附近的卵，停息数小时后再取食嫩叶；有的刚孵化幼虫不吃卵壳，停息一段时间后直接取食嫩叶。随着龄期的增加，食量也逐渐增多，其中5龄为暴食阶段，食量占一生取食量的85%～94%。有的蝶种寄主植物范围窄，只吃1~2种植物，称之为寡食性；有的蝶种食性较广，称之为多食性或杂食性。眼蝶科多取食禾本科植物；粉蝶科多取食豆科和十字花科植物；凤蝶科、斑蝶科的有些种类取食有毒植物；也有的蝶类

凤蝶幼虫

蚜灰蝶 *Taraka hamada*（Druce）

幼虫取食嫩果、嫩荚和花蕾；少数灰蝶为肉食性的，如蚜灰蝶取食竹蚜，熙灰蝶取食危害柚木和咖啡的介壳虫。

3. 蜕皮

蝶类幼虫外表皮由几丁质组成，称为外骨骼，限制了幼虫体的生长，所以幼虫生长一段时间后必须蜕皮，幼虫蜕皮后在外表皮尚未硬化时，躯体急剧增大。幼虫的生长是通过蜕皮来实现的，每蜕皮一次就增加一个龄期，大多数蝶类的幼虫蜕皮4次，共5个龄期。蜕皮前十多个小时幼虫静卧不动。幼虫的蜕皮时间为4～10分钟，蜕皮后静卧一段时间，然后取食旧虫皮或寄主植物。

4. 栖息与活动

（1）栖息。不同种蝴蝶的栖息习性不同。取食木本植物的幼虫大多栖息于叶背，少数栖息于叶面，有的栖息前在叶面上吐丝做一薄层"休息垫"，做好后腹足固着在"休息垫"上静息。取食草本或灌木的幼虫栖息场所大多很隐蔽，不易被发现，如黄裳眼蛱蝶（*Junonia hierta*）的幼虫栖息时不在寄主植物上。有的幼虫吐丝结网后，成群栖息于网中，如荨麻蛱蝶（*Aglais urticae*）

的幼虫；有的幼虫栖息于缀叶中，有缀一片叶子的如黄斑蕉弄蝶（*Erionota torus*），有缀数片藤叶的如椰弄蝶（*Gangara thyrsis*）等。

（2）活动。幼虫在取食和寻找食物时活动，不同种的蝴蝶幼虫习性不一样，大多在早晚太阳光斜射时最为活跃，但菜粉蝶的幼虫在白天活动，弄蝶的幼虫则以夜间活动为主。群栖性蝶类，如报喜斑粉蝶的幼虫、檗黄粉蝶的幼虫，进行取食活动和转移栖息场所时整个群体同时活动。有的老龄幼虫受惊后会弹跳落地；有的蝶种能将头胸部背面臭腺外翻，排放臭气御敌。

5. 寿命

幼虫寿命在不同地区和种类间相差很大，一般热带地区的寿命较短，寒冷地区的相对较长，例如迁粉蝶幼虫寿命在热带地区约为7天，而大紫蛱蝶幼虫寿命在北方约为310天。

6. 化蛹

幼虫一般为5龄。化蛹前5龄老熟幼虫爬到叶背、枝条上或者建筑物等场所，选择隐蔽的地方吐丝做垫（蛹台）准备化蛹，垫做好后用尾足钩着其上（此时叫预蛹），约经1天时间蜕皮进入蛹期（叫化蛹）。化蛹后蛹体借臀棘钩固着于丝垫上，头部朝下倒挂，称之为悬蛹；有的老熟幼虫化蛹前反复吐丝，胶成一线围绕中腰，化蛹后蛹体斜向上方，称之为缢蛹；一些缀叶栖息的弄蝶则在缀叶中吐丝作茧化蛹；有的眼蝶在土壤中作室化蛹。蛹的颜色一般与周围环境的色泽一致，不易被天敌发现；有的蛹具金绿色光泽，如珐蛱蝶（*Phalanta phalantha*）等。

凤蝶蛹

越冬和越夏

蝴蝶是变温动物，在我国的中部和北部，为适应冬天的严寒，蝴蝶通常停止发育和活动，称之为越冬。蝴蝶大多以蛹的状态越冬，也有以老熟幼虫（如环蝶）、卵（如灰蝶）越冬的。其中有两种越冬方式：一种是简单的越冬，称为休眠，只要天气一转暖，即能恢复活动；另一种叫滞育，滞育是在长期不良环境作用下形成并由遗传基因控制的适应性反应，滞育使虫体生理上发生改变，体内脂肪和糖的积累增加，含水量和呼吸强度降低，抗性增加，行为和体色改变，进入滞育的虫体一定要满足由它遗传所形成的一定时间的低温、高温、光照、化学作用刺激等条件后，才能解除滞育，继续生长发育。

在南方有些蝴蝶种类，为了避免夏季高温的损害，躲在岩洞等阴凉处夏眠，此习性称为越夏。

繁 衍 之 道

天敌

蝴蝶的幼虫以植物为食料（也有少数为肉食性），多种生物又以蝴蝶各虫态为食料，形成食物链，它们之间互相依靠、互相制约。以蝴蝶各虫态为食的生物称之为蝶类的天敌。蝴蝶卵期的天敌主要是多种蚂蚁和赤眼蜂，前者搬卵到巢内取食，后者产卵于蝶卵内寄生。蝴蝶幼虫的天敌最多，可分为捕食性天敌和寄生性天敌。捕食性天敌除鸟类外，捕食量较多的是各种游猎型或结网型蜘蛛、多种胡蜂、螳螂、草蛉、隐翅虫等等；寄生性天敌有寄生蝇、寄生蜂及微生物（常见的有核多角体病毒、无包涵体病毒、虫生藻菌、微孢子虫等）。在蛹期，主要天敌是多种姬蜂、大腿小蜂等。蝴蝶成虫的天敌有鸟类、蜘蛛、爬行和两栖动物、蜻蜓、食虫虻等。

幼虫的天敌（寄生蜂）

蝴蝶的天敌（蜘蛛）

自卫

在弱肉强食的生物世界里，经历了千

百万年的自然选择,蝴蝶具有一定的自卫能力,那就是保护色、警戒色和警戒味、拟态与逃避。

1. 保护色

保护色就是使自己的体表颜色与周围环境的颜色一致,以欺骗天敌的眼睛,例如迁粉蝶的幼虫,在嫩叶上是黄绿色,与嫩叶的色泽相同,而栖于绿色叶片上时为绿色。蝶类化蛹时,大多体表色泽与周围环境颜色一致,以防天敌的捕杀。变色的机理是幼虫从胸部的中枢神经中产生能变成与周围环境颜色相同的激素;其次蛹壳中有染色物质,这些染色物质随光线的不同而形成不同的色泽,因此周围环境的颜色决定了蛹的颜色。

2. 警戒色和警戒味

(1)警戒色。多种蛱蝶的幼虫,体表有棘状突起或肉瘤,使天敌觉得不好吃而放弃攻击,如斑蝶科幼虫胸、腹面的长线状突起,大双尾蛱蝶(*Polyura eudamippus*)幼虫头部的鹿状突起,均使天敌有恐怖感。

通常有害或难食的蝴蝶,其体表常有红、黄、黑等显眼的色泽,鸟类捕食后会产生不舒服感或呕吐,以后不再捕食此类蝴蝶,例如珐蛱蝶的蛹,有金色的光泽,可起到警戒的作用。

(2)警戒味。蝴蝶幼虫受到干扰时,将头胸部背面中央的"Y"形臭角突然伸出并且外翻,排出油状臭液,在空气中挥发并发出难闻的气味,使天敌闻而逃走;有些斑蝶成虫遇干扰时,腹末的毛撮外翻,分泌挥发性物质御敌;珍蝶受惊的时候,分泌出有臭味的黄色黏液,也可使天敌害怕。

3. 拟态

拟态是指蝴蝶在形态和颜色上模拟其他生物或非生物,目的是避开天敌,保护自己。

(1)拟态植物。中华枯叶蝶(*Kallima chinensis*)是最著名的拟态蝶,它常停在树冠下,似一片枯叶。此蝶拟态树叶有3招:

拟态植物（枯叶蝶）

一是，停下后，枯叶图案的反面向外，状似枯叶；二是，前足退化，中、后两对足紧抱树枝，头与触角及腹部均隐藏在前后翅中，成为完整的枯叶而迷惑天敌；三是，停下后立即改变姿势，头部向下，双翅不扇动，酷似行将掉落的枯叶。

（2）拟态有毒蝴蝶。有的蝴蝶模拟有毒或有恶臭的其他蝴蝶，如白带锯蛱蝶（*Cethosia cyane*）模拟虎斑蝶（*Danaus genutia*）等。

虎斑蝶（模特儿–1）　　　　　　白带锯蛱蝶（模拟者–1）

金斑蝶（模特儿–2）　　　　　　金斑蛱蝶（模拟者–2）

绢斑蝶（模特儿–3）　　　　　　青粉蝶 *Pareronia annais*（模拟者–3）

红珠凤蝶 *Pachliopta aristolochiae*（模特儿 –4）　　玉带凤蝶（模拟者 –4）

拟态有毒蝴蝶

（3）拟态有毒或捕食性动物。环蝶科的猫头鹰环蝶（*Caligo eurilochus*）等翅上有似猫头鹰的眼斑，起到恫吓天敌的作用；穹翠凤蝶（*Papilio dialis*）等幼虫有似眼镜蛇的头部，使想捕食它的天敌望而生畏。

猫头鹰环蝶

穹翠凤蝶幼虫（徐堉峰　摄）

4. 逃避与躲避

所有蝶类成虫遇到干扰或危险时，均快速飞走而逃生。

黄裳眼蛱蝶等的幼虫取食后躲到根际或附近枯落物中，使天敌难以发现；香蕉弄蝶的幼虫则切割蕉叶后吐丝缀叶制成多层的长形虫苞，并在虫苞内安全取食与化蛹。

5. 天敌的反自卫

蝴蝶及其生物世界在进化中形成的食物链神奇而普遍，蝴蝶的自卫本领有利于种群的繁衍，但它们的天敌中有些种在长期的进化过程中形成了对付这种自卫的自身生存本领。因而天敌昆虫可寻找到属于自己的寄主，从而形成了生物之间相互依存和相互制约的复杂关系。例如，欧洲粉蝶（*Pieris brassicae*）在交配过程中，雄蝶会给雌蝶涂抹一种"抑春素"的卡基氰化物，以降低雌蝶对其他雄蝶的吸引力，但寄生此种菜粉蝶卵的一种卵赤眼蜂（*Trichogramma brassicae*）可以探测到这种气味，然后伏在已交配的菜粉蝶身上，随雌蝶飞到产卵地点，待新卵产下后寄生。

共栖

灰蝶科中的霾灰蝶属（*Maculinae*）、蓝灰蝶属（*Everes*）、紫灰蝶属（*Chilades*）等种类中某些幼虫，例如曲纹紫灰蝶（*C. pandava*），与蚂蚁建立了共栖的关系，又例如举尾蚁舐食灰蝶幼虫身体背腺的甜液分泌物，该蚂蚁则驱逐蝴蝶的天敌，尽其呵护作用，冬天还把幼虫、蝶蛹运回蚁巢中使其安全越冬，其中幼虫还悄悄取食蚁类幼虫，完成自己的发育。

共栖（曲纹紫灰蝶幼虫与蚂蚁）

二、蝴蝶百态

　　蝴蝶色彩艳丽，在阳光下翻飞于花丛中，令人赏心悦目！那么，您知道世界上最大的蝴蝶和最小的蝴蝶吗？蝴蝶"谈恋爱"又有哪些奥秘？还有蝴蝶"占山为王"为哪般？诸如此类问题，我们可在蝴蝶百态中得到答案。

蝴 蝶 之 最

亚历山大鸟翼凤蝶

最大的蝴蝶

产于巴布亚新几内亚的亚历山大鸟翼凤蝶（*Ornithoptera alexandrae*），翅展达 30 厘米，为世界之最；我国最大的蝴蝶是裳凤蝶（*Troides helena*）和金裳凤蝶（*Troides aeacus*），翅展均达 16 厘米。

最小的蝴蝶

产于阿富汗的小蓝灰蝶，翅展仅 0.7 厘米，是世界上最小的蝴蝶。产于陕西的小玄灰蝶（*Tongeia minima*），翅展最小为 1.2 厘米，是我国最小的蝴蝶。

翅膀最狭长的蝴蝶

产于乌干达等非洲国家的长翅德凤蝶（*Papilio antimachus*），翅展达 23 厘米，翅膀长度为宽度的 3 倍，是世界上翅最狭长的蝴蝶，该蝶的幼虫取食有毒植物，体内存剧毒。

长翅德凤蝶

翅展最小、能"停飞"的凤蝶

　　产于我国的燕凤蝶（*Lamproptera curius*）和绿带燕凤蝶（*L. meges*），翅展仅3厘米，是世界上翅展最小的凤蝶。该蝶后翅狭长，访花时前翅急速震动，使尾部抖动抬高，在靠近花处原地"停飞"，状似蜂鸟凌空停飞一样。在热带地区的同一山体，燕凤蝶栖于海拔较高的热带常绿季雨林和热带山地雨林；而绿带燕凤蝶则栖于山麓的热带半落叶季雨林。

燕凤蝶　　　　　　　　　　绿带燕凤蝶

迁飞距离最远的蝴蝶

　　有些蝴蝶有群集和迁飞的习性，全世界已知有200多种蝴蝶具迁徙习性，飞行距离有长有短。近年标志释放表明，我国台湾的斑蝶迁飞到日本，但迁飞距离远比不上北美的君主斑蝶（*Danaus plexippus*），该蝶从加拿大、美国飞到墨西哥，迁徙距离达5 000千米，每年数量多达数亿只，在墨西哥蝴蝶谷产卵繁殖后代，翌年春天子代飞返故土。

君主斑蝶

对君主斑蝶的长距离迁飞，人们需要了解两个问题：其一，迁飞的原因是什么；其二，迁飞中为何不迷失方向。蝴蝶迁飞与候鸟迁飞有相似之处，常与觅食、繁殖后代及度过不良气候有关。昆虫学家初步认为：上一次冰河时期结束之前，蝴蝶觅食北移，冬天南下避寒；群集与蝴蝶繁殖期性激素的相互引诱、寄主植物与蜜源植物的招引和目的地生态环境适宜于群栖有关。

蝴蝶长距离迁飞，是在自然选择中形成的生存能力和繁殖能力，也是基因遗传的结果。不迷失方向与其体内氧化铁有关，尽管氧化铁的含量很少，但能感受地球磁场的变化，由地球磁场指示迁飞方向，选择墨西哥中部山区为目的地，那里可能有丰富的铁矿，磁场起引导的作用。研究表明，君主斑蝶还有太阳罗盘定向的功能。

纤粉蝶

翅膀搏动最慢的蝴蝶

一般蝴蝶翅膀搏动每分钟都在 460 次以上，而黄凤蝶（*Papilio machaon*）每分钟翅膀只搏动 300 次，原来报道为世界上翅膀搏动最慢的蝴蝶。据笔者最近对纤粉蝶（*Leptosia nina*）的测定，此蝶每分钟翅膀搏动约 270 次，是目前世界上翅膀搏动最慢的蝴蝶。

绿鸟翼凤蝶

第一个被描述的绿鸟翼凤蝶

绿鸟翼凤蝶（*Ornithoptera priamus*）产于印度尼西亚、圣多美和普林西比。

阿波罗绢蝶

第一个受法律保护的蝴蝶

阿波罗绢蝶（*Parnassius apollo*），产于欧洲各地和我国新疆。

一科只有一个种的蝴蝶

缰蝶（*Euschemon rafflesia*），全世界只一个科只有一个种，产于澳大利亚。此蝶非常特殊，雄性后翅有翅缰，和前翅的抱缰器相连接，其他蝶类无翅缰，这是蛾类的特征，所以有的分类学家认为它不属于蝶类。

缰蝶

飞得最高、最快的凤蝶

有些蝴蝶种类有嬉闹、追逐、打圈和比翼高飞的习性，据笔者在海拔1 867米处的观测，金斑喙凤蝶雄性之间的追逐高飞可达到海拔2 200多米；雄蝶飞翔时速度如燕子一样快，是凤蝶科中飞翔速度最快的种类，这与雄蝶胸部肌肉十分发达有关。

金斑喙凤蝶

最古老的蝴蝶

美国科罗拉多州在新生代第三纪地层中，距今约6 000万年的岩石中，挖掘出完整的与现代喙蝶形态特征近似的化石。喙蝶科全世界仅11种，我国有3种，种类稀少。所以，有些学者

朴喙蝶

认为现存的喙蝶科种类是古蝶的遗物，称之为活化石。但有些学者不认同喙蝶是古蝶遗物的推论：其一，同一地层中除喙蝶外，还有蛱蝶科和粉蝶科的化石；其二，蝶类化石目前全球只发现17种，进一步确定蝴蝶在地球上发生的年代需要更多的化石来考证；其三，在1.3亿年前，地球上已出现开花植物，能够为开花植物授粉就有蝴蝶、蜜蜂等。据此，有些学者认为蝴蝶在地球上的出现不是在6 000万年前，而是在1.3亿年前，2007年，我国考古工作者在甘肃省玉门市的赤金镇境内，发现距今1亿多年前的蝴蝶化石得到佐证。

蝴 蝶 趣 闻

在尾突中有 2 条翅脉进入的蝴蝶

在蝴蝶的尾突中一般只有一条翅脉进入，但台湾宽尾凤蝶（*Agehana maraho*）一条尾突中有 2 条翅脉进入。

台湾宽尾凤蝶

蝴蝶寻找配偶的奥秘

　　蝴蝶寻找配偶,靠自身发出信号并且接受信号而找到,另外寄主植物发出的气味引诱也能使其找到异性。雌蝶羽化不久,翅膀还未完全展开,就能与飞来的雄性交尾,雌蝶刚羽化即交尾的占多数。婚飞能促进性激素的分泌,一般昆虫性激素由雌性分泌,唯蝴蝶很多种由雄性分泌,可谓"夫唱妇随",斑蝶、灰蝶、环蝶、粉蝶雄性翅膀上着生发香鳞引诱雌蝶。其中雄蝶寻找配偶,首先用复眼辨认翅膀上的斑纹来确认异性。

蝴蝶嗅觉、视觉和味觉的奥秘

　　蝴蝶的嗅觉在它的触角上,上有嗅觉孔,用来捕捉各种气味和信息,雄性的嗅觉比雌性灵敏。蝴蝶的复眼由1.5万多个六角形的小眼组成,起视觉的功能,昆虫中蝴蝶是唯一能辨认红色的生物。蝴蝶的味觉器官生在脚上,取食时先用脚来感觉食物的滋味,然后伸出虹吸式口器吸食。

蝴蝶耐寒的奥秘

　　据报道,登山运动员在帕米尔高原海拔6 000米的冰川裂缝里看到过一种紫色小灰蝶;高山绢蝶在阳光下能活动到雪线附近;在北纬83°的北极圈内,夏天能见到小灰蝶在飞舞。蝴蝶是变温动物,上述蝴蝶除有耐寒习性外,它们是如何度过寒冷的冬天呢?这与耐寒蝴蝶特殊的生理功能有关。以老熟幼虫或蛹越冬的,除选择有利于越冬的场所外,体内还进行了一系列的生物化学的变化,例如尽量减少游离水而增加结合水,使其在-30℃了也不结冰;另外,体内还有特殊的甘油和乙醇,从而降低了结冰点,极大地提高其御寒能力。

国蝶之美

　　蝴蝶色彩艳丽,在阳光下飞舞于鲜花丛中,赏心悦目,因而受到人们普遍的喜爱,目前已有100多个国家将其特产种或最美丽、最珍贵的蝴蝶作为自己的国蝶。

（1）中国国蝶——金斑喙凤蝶（*Teinopalpus aureus*）。金斑喙凤蝶是我国最美丽的蝴蝶，它主要分布在我国境内，被列为一级保护的野生动物。1963年4月5日发行特56《蝴蝶》邮票中已初上方寸，2000年2月25日我国发行了《国家重点保护野生动物（一级）（一）》特种邮票1套10枚，金斑喙凤蝶二上方寸。1999年7月15日，中国人民银行发行"中国珍稀野生动物——金斑喙凤蝶"纪念币，这是中国历史上第一枚蝴蝶钱币。

金斑喙凤蝶邮票

金斑喙凤蝶纪念币

大紫蛱蝶邮票（日本国蝶）

（2）日本国蝶——大紫蛱蝶（*Sasakia charonda*）。该蝶发生紫色光彩，在我国从北方到广东北部均有分布。

（3）马来西亚国蝶——翠叶红颈凤蝶（*Trogonoptera brookiana*）。

（4）印度尼西亚国蝶——绿鸟翼凤蝶（*Ornithoptera priamus*）。

翠叶红颈凤蝶邮票

绿鸟翼凤蝶邮票（印度尼西亚国蝶）

（5）印度国蝶——金带喙凤蝶（*Teinopalpus imperialis*）。该蝶和与金斑喙凤蝶同属，我国分布于广西、四川。

（6）美国国蝶——君主斑蝶。该蝶虽不十分美丽，但它从加拿大、美国北部迁徙 5 000 多千米到墨西哥，成为世界上最有名的蝶种之一。

金带喙凤蝶邮票（印度国蝶）

君主斑蝶邮票（瑙鲁 1984 年发行，美国国蝶）

君主斑蝶邮票　　　　　　　　　　君主斑蝶邮票
（托克劳 1995 年发行，美国国蝶）　　（洪都拉斯 1997 年发行，美国国蝶）

　　（7）不丹国蝶——多尾凤蝶（*Bhutanitis lidderdalii*）。

多尾凤蝶邮票（不丹国蝶）

　　（8）哥伦比亚国蝶——塞浦路斯闪蝶（*Morpho cypris*）。

　　（9）巴西国蝶——太阳闪蝶（*Morpho hecuba*）。

　　（10）秘鲁国蝶——海伦娜（光明女神）闪蝶（*Morpho helena*）。

塞浦路斯闪蝶邮票（哥伦比亚国蝶）

太阳闪蝶邮票（巴西国蝶）

海伦娜闪蝶邮票（秘鲁国蝶）

蝴蝶也占山为王

　　常见停息在树上的蛱蝶等对路经附近的蝴蝶，突然起飞驱
赶，待被赶的蝴蝶飞跑后又停回原来的地方，不断重复此驱赶
的行为状如某些动物占山为王的现象。那么蝴蝶是否有占山为
王的现象呢，有待研究。

蝴蝶保护色的奥秘

　　许多蝴蝶幼虫化的蛹与周围颜色一致，不易被天敌发现，
这是蝶类在进化过程中形成的保护色。其变色的机理是幼虫化
蛹时，从胸部的中枢神经中产生使体色变成与周围环境颜色相
同的激素；其次蛹壳中的染色物质随光线的不同而形成不同的
色泽。由于上述激素和染色物质的作用，决定了蛹的颜色与周

围环境的颜色相同。因此，同一种蝴蝶的幼虫，在绿叶上化蛹的，蛹是绿色；在枯叶上化蛹的，蛹是枯白色或枯黄色。有的蝶蛹颜色光彩夺目，与周围环境不同，这种颜色则是防天敌的警戒色。

亮灰蝶 *Lampides boeticus*（Linnaeus）

三、蝴蝶文化

　　"梁祝"名曲及其故事在舞台上经久不衰,2006年被联合国教科文组织评为世界非物质文化遗产;蝴蝶泉边霞郎与雯姑的爱情故事也生动感人;蝴蝶的诗词与绘画,蝴蝶的邮票与工艺品等,可谓丰富多彩,源远流长。

蝶翅画：回家（吴云　作）

蝴蝶资源的利用

蝴蝶作为观赏和资源昆虫，它与人类有着共存共荣的密切关系，其关系可以从它的经济价值、社会价值、生态价值、珍藏价值、观赏价值、工艺价值、文化价值、仿生价值等方面得到体现。

蝴蝶的生态价值

蝴蝶是当前生物多样性研究中引人注目的生物物种之一，它与其他生物物种一起，共同成为人类社会赖以生存和发展的基础。当前，保护生物多样性受到全世界的重视，我们应把蝴蝶的研究和生物多样性的研究结合起来，以便为决策部门提供蝴蝶多样性保护和可持续性利用的根据。同时，研究生态环境胁迫对蝴蝶生物多样性的影响，可以蝴蝶作为监测生态环境变化的指标。

蝴蝶白天活动，与其他昆虫相比，种群调查比较容易，这为研究动物的区系、演化和生态地理分布创造了有利的条件，可推动相关学科的发展和深入研究。

蝴蝶与蜜蜂一样，在取食花蜜的时候传播花粉，为许多植物正常开花结果创造了条件，从而使自然界充满了生机，并满足了人类对生活和环境的要求。蝴蝶除可供食用外，还有药用。据《本草纲目》记载，金凤蝶（*Papilio machaon*）可治胃病、小肠气等。研究表明，迁粉蝶（*Catopsilia pomona*）除翅中有异鸟嘌呤的抗癌活性成分外，在自然界密度高时发生核多角体病毒和无包涵体病毒，这类病原微生物还可供生物防治之用。随着科学技术的不断进步，蝴蝶仿生学发展迅速，促进了生产力的发展和技术创新。由此可见，各种蝴蝶在人类生活中独特的功能逐渐被发现和利用，将造福于人类。

少数蝴蝶的幼虫是肉食性的，例如熙灰蝶（*Spalgis epeus*）的幼虫取食危害柚木和咖啡的介壳虫，蚜灰蝶（*Taraka hamada*）

的幼虫取食蚜虫，它们是有益的昆虫。绝大多数蝴蝶的幼虫取食各种植物的叶子、花蕾、茎或果实，当某一种群的虫口数量达到一定程度而影响寄主植物的生长发育时，就成为害虫，例如迁粉蝶对铁刀木和腊肠树的危害，檗黄粉蝶（*Eurema blanda*）对丁果木和墨西哥丁香的危害等。海南岛有600多种蝴蝶，其中列为害虫的蝶类有十多种，占海南岛蝴蝶总数的1%～2%，其中菜粉蝶（*Pieris rapae*）属世界性害虫。尽管绝大多数蝴蝶的幼虫以植物为食，但因虫口密度低，不会影响植物的生长发育。另外，少量幼虫的取食，还可使寄主产生诱导抗性，提高寄主抵御害虫的潜能。这些蝴蝶还是生态系统中食物链的组成成员，从这个角度讲，这些蝶类是有益的，在生态系统中充当着积极的角色，因此不能称之为害虫。

蝴蝶的工艺价值

蝴蝶以独特的色彩，又被誉为天然的艺术品，成为最好的观赏昆虫，给人以光彩夺目或素雅高贵之感觉，从中得到美的享受，并成为最有收藏价值的昆虫之一。蝴蝶之美成为天然的艺术品，现在世界各地兴建的蝴蝶园成为人们观光、休闲、体验人与自然和谐相处的好地方，是宣传保护生态环境的好去处。有的蝴蝶园还设有蝴蝶博物馆，成为集观光、旅游、宣传科普、环保与盈利为一体的产业。由蝴蝶翅膀制作的各种工艺品，使现代人们的生活环境更加幽雅和悦目；由蝴蝶图案构成的商标、纺织品、丝绸等使现代生活更为多姿多彩。蝴蝶翅面色彩搭配得自然协调，可谓巧夺天工，美术工作者、设计工作者等往往从中得到创作的启迪。

红条链灰蝶 *Hypochrysops ignita*（Leach）

蝴蝶的仿生价值

蝴蝶在自然选择和长期进化的过程中产生与生存环境相适应的器官系统，这些器官系统结构独特，功能奇特与优异，是重要的仿生资源。科学家通过仿生能极大地促进科技进步、生产力提高和社会的发展。

一种绡蝶

（1）模仿蝴蝶翅面上的鳞片随阳光照射方向自动变换角度而调节体温的原理，在人造地球卫星上覆盖能活动的鳞片，成功实现对人造地球卫星由于位置不断变化而引起温度骤然变化的控制。

（2）蝴蝶鳞片的形状、大小、表面沟脊的数目、距离与结构的不同，造成光照反射和折射的区别，从而形成蝴蝶翅面的色彩，研究蝴蝶翅膀表面细微结构与颜色变化的关系，可开发新型防伪技术及其产品、生产军事伪装设施等。

（3）蝴蝶和其他昆虫触角上的嗅觉器具有灵敏度高、高分辨率和高度特异性的特点。目前各国都在加紧研制实用的仿生用的仿昆虫触角的嗅觉感受器检测装置。

蝴蝶与文化艺术

我国是世界上著名的文明古国，包括蝴蝶文化在内的丰富的中华民族文化是世界文明的瑰宝。蝴蝶文化包涵蝴蝶诗词、蝴蝶故事、蝴蝶典故、蝴蝶绘画、蝴蝶工艺品、现代蝴蝶仿生

蝶翅画：孔雀（梁森泉作）

蝶翅画：拍鼓舞（梁森泉作）

彩蝶图（广绣，陈少芳作）

技术的应用等，蝴蝶文化为我国传统
文化的画卷上增添了艳丽的色彩，可
丰富我们的知识和精神生活。

　　我国文字的形成约在4 000年前，
在公元前5世纪中国第一部辞书《尔
雅》中就有古蝶字的出现。在浙江河
姆渡出土的新石器时代的蝶形器和该
时期出现的蝶形玉佩，证明蝶文化的
肇端可上溯到公元前3300至公元前2250
年的良渚文化时期。蝶类在工艺、美

双蝶图（广绣，陈少芳作）

术上的应用，例如剪贴画、风筝、剪纸、刺绣、印染、瓷器、
织锦、镜框、书签、树脂包埋、压膜等，前后经历了上千年
的发展过程，其中蝶翅画为近来兴起的后起之秀；广绣为我

国四大名绣（苏、湘、广、蜀）之一，近年陈少芳工艺美术大师创作的双蝶刺绣，有着极高的艺术价值和欣赏价值。

宝钗扑蝶（湖南常德）（白玉琢提供）

双蝶（辽宁营口）（白玉琢提供）

蝴蝶火花

火花是火柴盒上的商标贴画，属具有欣赏和收藏价值的艺术品。在蝴蝶火花形态美中还融入了历史故事、文学故事、科普宣传等，使商标光彩夺目从而成为火花藏者的珍品。今天打火机的广泛应用虽然使火花逐渐成为过去，但作为艺术品，火花的历史为人们永远所珍藏。

蝴蝶风筝

风筝造型各异、形态优美。风筝在我国约有2 500年的历史，

蝴蝶风筝（吕铁智提供）

今天在山东每年还举办潍坊国际风筝节，它是娱乐、休闲和享受自然的一种方式。蝴蝶被誉为"会飞的花朵"，它被作为风筝的题材后，使风筝的艺术和观赏水准都得到了提高。

蝴蝶剪纸

剪纸是用剪刀和刻刀在纸上进行艺术加工而成的作品。我国的剪纸艺术在南北时期已盛行，多用作春节、喜庆场合增加喜庆气氛的饰物，今天的剪纸艺术除有传统的功能外，还被应用到银幕、装饰艺术上，使之成为工艺美术、创新设计的题材。蝴蝶剪纸是剪纸艺术的一部分，常见的是吉祥图案，除烘托喜庆气氛外，往往是表达人们对幸福生活的向往与追求。

蝴蝶剪纸

诗词中的蝴蝶

诗词中的蝴蝶通常分为诗、词、歌、赋曲等佳作，古来有5 000余首，杜甫的"穿花蛱蝶深深见，点水蜻蜓款款飞"，陆游的"百草吹青蝴蝶闹，一溪涨绿鸳鸯闲"等极富生活气息，点缀了充满生机的大自然。宋代谢逸一人作诗300首，时人呼为谢蝴蝶，如此丰富的蝴蝶古诗词，这在世界上是绝无仅有的。周尧、冯风编著的《中国历代咏蝶诗词》共收录咏蝶诗词1 980篇。

滕派蝴蝶画

蝴蝶色彩艳丽,被誉为天然艺术品,历代画家将其收入自己的画中,使画更美、更生动和更富艺术的表现力。诗人王建曾作反映宫廷生活的《宫词一百首》,其中经"内中数日无呼唤,拓得'滕王蛱蝶图'",滕王乃唐高祖李渊的第二十二王子李元婴,他善丹青,尤喜画蝶,其技法精妙独特,无与伦比,于公元639年封为滕王。唐代以前的蝶画已难考究始于何时和何人之手,因此,李元婴的"滕王蛱蝶图"可视为蝶画的祖本。

滕派蝶画经历唐、宋、元、明、

玉兰八蝶图 (佟起来作)

百蝶图 (佟冠亚作)

清 1 000 多年没有失传，不失为民族的幸运和宝贵的财富。佟起来先生是滕派蝶画的真传，现任"中国河南滕派蝶画院"院长，他创作的玉兰八蝶图清新淡雅，艳而不俗，其技巧灵玄，体现了滕派蝶画传统技法与现代艺术的融和，其父佟冠亚老先生是中国滕派蝶画的唯一传人。

安灰蝶 *Ancema ctesia*
（Hewitson）

有关蝴蝶的民间传说、戏曲与音乐

战国时期庄周梦蝶的故事，相传谈论了两千多年；云南大理蝴蝶泉边霞郎与雯姑双双化蝶的神话故事传扬天下；以化蝶双飞为结局的梁山伯与祝英台悲壮的爱情故事家喻户晓，此情节并由多种剧种改编搬上舞台后，历演不衰，深受人们的喜爱。故事发生地浙江省宁波上虞人常赶梁山伯庙会，相信梁祝能使年青人爱情幸福美满并白头偕老。名曲《梁祝》优美动听，感人肺腑。

蝴蝶的节日文化

据彩万志编著的《中国昆虫节日文化》一书中收录的各地、各民族全年的昆虫有关节日多达 100 多个，其中属蝴蝶的节日12 个，这在国际文化昆虫学田园中无疑是一支艳丽的花朵，例如，汉族三月初一的梁山伯庙会、四月十五云南大理的蝴蝶会等。

另外，蝴蝶在人们婚庆中也扮演着重要的角色。蝴蝶迎着阳光，穿飞于鲜花丛中，人们将其视作希望和美好的象征，美洲印第安人将蝴蝶看作天上的精灵和天使，结婚的新人把天长地久的爱情许愿给蝴蝶后将其放飞。国外自2001年、国内自2005年开始，在婚礼、生日聚会、结婚纪念、开业庆典等场合放飞蝴蝶，以此来活跃现场的气氛。

昆虫文化节日属民族优秀文化之一，能整合社群集体意识，促进文化交流和传递信息，改善和调剂群众的物质和文化生活，并通过聚合场所促进商品经济的发展。

生态蝴蝶园

　　生态蝴蝶园作为可持续性利用的生态产业在世界范围内广为营建，尤其在发达国家。人们在工作之余来到生态环境优美的蝴蝶园，在蝶儿纷飞的氛围中可以愉悦心情、享受自然，感悟人与自然和谐的美妙。因此，生态蝴蝶园已成为当今世界最具影响力的蝴蝶文化场所。

蝴蝶邮票

　　蝴蝶邮票与其他各类邮票一样，具有使用价值、知识价值、审美价值、文物价值和经济价值等。方寸的蝴蝶邮票制作精美，体现科学技术与社会发展的水平，反映民族文化和时代特征。世界各国发行的纯蝴蝶邮票截至2002年底共5 000多枚。寿建新和周尧1990年著的《世界蝴蝶邮票》一书，收录世界蝴蝶邮票563枚223种蝴蝶（其中有1958年我国台湾发行的5枚、1963年我国大陆发行的20枚、1978年我国台湾发行的2枚、1979年我国香港发行的4枚、1985年我国澳门发行的2枚）；2000年他们所著的《中外蝴蝶邮票》介绍了全世界160多个国家蝴蝶邮票961枚，有代表性的蝴蝶471种。除《中外蝴蝶邮票》收录的2种外，1958年我国台湾发行了《关汉卿戏曲创作七百年》中"蝴蝶梦"邮票1枚和1986年发行的《梁祝故事》邮票一套5枚；蝴蝶绘画邮票有1984年发行的唐代《簪花仕女图》画中的一只蝴蝶，我国台湾1974年、1975年发行的扇面画邮票出现3次图案，明信片上的蝴蝶图案于1982年、1984年发行。

　　（1）邮票发行之最——1890年，夏威夷发行了世界上最早的准蝶邮票，在女皇肖像头顶上，有一只蝴蝶发饰。

　　（2）1950年在沙越（马来西亚）发行了世界上最早的纯蝶邮票。

　　（3）1961年匈牙利发行了世界上最早的蝴蝶小型张。

　　（4）1962年匈牙利发行了世界上最早的蝴蝶票中票。

　　（5）1968年不丹发行了世界上最早的蝴蝶立体邮票。

莱灰蝶*Remelana jangala*
（Horsfield）

世界上最早的准蝶邮票
（夏威夷 1890 年发行）

世界上最早的纯蝶邮票
（沙越 1950 年 1 月 3 日发行）

世界上最早的蝴蝶小型张（匈牙利 1961 年发行）

世界上最早的蝴蝶票中票
（匈牙利 1962 年发行）

世界上最早的蝴蝶立体邮票
（不丹 1968 年发行）

红锯蛱蝶 *Cethosia biblis*
（Drury）

黄裳眼蛱蝶 *Junonia hierta*
（Fabricius）

（6）1991年波兰发行了世界上最早的雷射全息蝴蝶邮票。

（7）2000年西班牙首次发行了阿波罗绢蝶的荧光邮票。

（8）最早的蝴蝶幼虫邮票，是在1965年以色列的蝶蛾邮票的副票上，这套邮票共4枚，其中3枚邮票为蝴蝶，每枚邮票各附有1枚与之对应的幼虫副票。

（9）1963年中国发行了最早的蝴蝶套票共20枚。

（10）蝴蝶观赏性强，深受邮迷和蝶迷的喜爱，故蝴蝶邮票是世界上动物中发行最多的邮票，占昆虫邮票的70%~80%。

（11）匈牙利是发行蝴蝶邮票次数最多的国家，自1959年开始至1989年，发行了10次总共33枚蝴蝶邮票。发行蝴蝶邮票数量最多的国家是布隆迪，至1993年发行了3套总共59枚蝴蝶邮票。

（12）发行蝴蝶邮票次数和数量最多的国家是圣文森特和格林纳丁斯，已发行12次共147枚邮票、18枚小型张邮票。

世界上最早的雷射全息蝴蝶邮票（波兰1991年发行）

世界上最早的阿波罗绢蝶的荧光邮票（西班牙2000年发行）

世界上最早的成虫与副票上幼虫相对应的蝴蝶邮票（以色列 1965 年发行）

我国最早的蝴蝶套票（共 20 枚，1963 年 4 月 5 日发行）

"梁祝" 蝶与非物质文化遗产

　　梁山伯与祝英台的爱情故事发生于公元367年的浙江鄞县，在父母包办子女婚姻的年代，他们通过化蝶双飞来表达对爱情的忠贞不渝。此故事极为生动，流传很广，还搬上了舞台。于

玉带凤蝶（梁山伯祝英台蝶）

公元397年，在梁山伯墓附近的高桥镇造起了梁山伯庙，香火很盛，民间流传："如要夫妻同到老，梁山伯庙到一到。"梁祝故事非常感人，可谓家喻户晓，是中国蝴蝶文化的一部分，2006年国务院批准其列入我国第一批国家非物质文化遗产名录，2007年向联合国教科文组织申报为世界非物质文化遗产。梁山伯与祝英台的爱情故事，其发源地除浙江鄞县外，还有说是江苏宜兴、河南汝县、山东济南等，但一般认为在浙江鄞县。经周尧先生考证，鄞县化蝶双飞的蝴蝶就是雌雄异型的玉带凤蝶（*Papilio polytes*）。

四、蝴蝶之美

　　蝴蝶被誉为天然的艺术品。世界各地漂亮的蝴蝶可满足我们对其视觉美和生态美的享受，其巧夺天工的色彩搭配与协调能激发我们设计与创作的灵感。数百幅精美图片凝聚了吴云、陈锡昌、陈一全、杨建业等生态摄影家的智慧和精湛技术。

凤蝶科 Papilionidae

　　中型和大型蝴蝶，色彩艳丽，许多种还有金属光泽，在蝶类中最为漂亮。前后翅三角形，中室为闭式，前翅 R 脉 5 条，A脉 2 条，多数种类有臀横脉，容易与其他科区别，后翅肩角有 1条钩状肩脉，A 脉只有 1 条，有的种类 M3 脉延伸成尾突，有的种类无尾突或有 2～4 条尾突。大多数雌雄蝶的斑纹和颜色相似，也有雌雄异型或雌性多型。

♂　　　　　　　　　　　　　　　　♀

金斑喙凤蝶 *Teinopalpus aureus* Mell
分布：华南、华东、中南、西南地区；越南、老挝

♂　　　　　　　　　　　　　　　　♀

金带喙凤蝶 *Teinopalpus imperialis* Hope
分布：四川；尼泊尔、锡金、缅甸、印度

红珠凤蝶
Pachliopta aristolochiae（Fabricius）
分布：我国南方地区；南亚、东南亚

台湾宽尾凤蝶
Agehana maraho（Shiraki et Sonan）
分布：台湾（陈维寿 摄）

裳凤蝶
Troides helena（Linnaeus）
分布：我国南方到马来西亚

荧光裳凤蝶
Troides magellanus（Felder et Felder）
分布：台湾；菲律宾（陈维寿 摄）

金裳凤蝶 *Troides aeacus*（Felder et Felder）
分布：我国南方到印度尼西亚

楔纹裳凤蝶
Troides amphrysus Cramer
分布：印度尼西亚

海滨裳凤蝶
Troides hypolitus（Cramer）
分布：印度尼西亚

维多利亚鸟翼凤蝶 *Ornithoptera victoriae*（Gray）
分布：所罗门群岛

哥利亚鸟翼凤蝶大力神亚种
Ornithoptera goliath samson Niepelt
分布：印度尼西亚、新几内亚岛

哥利亚鸟翼凤蝶马鲁古亚种
Ornithoptera goliath procus（Rothschild）
分布：印度尼西亚

钩尾鸟翼凤蝶
Ornithoptera paradisea Staudinger
分布：印度尼西亚、巴布亚新几内亚

♂ ♀

绿鸟翼凤蝶马鲁古亚种 *Ornithoptera priamus hecuba* Röber
分布：印度尼西亚、马鲁古群岛

♂ ♀

绿鸟翼凤蝶伊里安亚种
Ornithoptera priamus kasandra Kobayashi
分布：新几内亚岛

黄绿鸟翼凤蝶 *Ornithoptera rothschildi*（Kenrick）
分布：印度尼西亚（新几内亚岛）

红鸟翼凤蝶 *Ornithoptera croesus*（Wallace）
分布：印度尼西亚莫罗泰岛

翠叶红颈凤蝶 *Trogonoptera brookiana*（Wallace）
分布：马来西亚、印度尼西亚等

锤尾凤蝶 *Losaria coon*（Fabricius）
分布：我国；东南亚

重帏翠凤蝶 *Papilio hoppo* Matsumura
分布：台湾（陈维寿 摄）

达摩凤蝶 *Papilio demoleus* Linnaeus
分布：中南、西南、华南地区；东南亚及日本、澳大利亚等

金凤蝶 *Papilio machaon* Linnaeus
分布：广东及华北、东北等我国大部分地
区；欧洲

红基美凤蝶 *Papilio alcmenor* Felder & Felder
分布：海南、云南、陕西等；南亚

美凤蝶 *Papilio memnon* Linnaeus
分布：中南、西南、华南地区；南亚、东南亚
及日本

巴黎凤蝶 *Papilio paris* Linnaeus
分布：华南地区及陕西；南亚、东南亚等

南美藏凤蝶 *Heraclides thoas* Linnaeus
分布：秘鲁

蓝尾翠凤蝶 *Papilio blumei* Boisduval
分布：印度尼西亚

佛陀翠凤蝶 *Papilio buddha* Westwood
分布：印度南部

英雄翠凤蝶 *Papilio ulysses* Linnaeus
分布：新喀里多尼亚

松巴岛翠凤蝶
Papilio neumoegeni Honrath
分布：印度尼西亚

小天使翠凤蝶 *Papilio palinurus* Fabricius
分布：巴拉维

豹凤蝶 *Pterourus zagreus* Doubleday
分布：委内瑞拉、哥伦比亚、秘鲁、
玻利维亚

碧凤蝶 *Papilio bianor* Cramer
分布：我国南方地区；日本、朝鲜、越南及南亚

燕凤蝶 *Lamproptera curius*（Fabricius）
分布：华南、西南地区；东南亚、南亚

绿带燕凤蝶 *Lamproptera meges* Zinken-Sommer
分布：华南、西南地区；东南亚、南亚

宽带青凤蝶 *Graphium cloanthus*（Westwood）
分布：我国南方地区及陕西；日本及南亚、东南亚

青凤蝶 *Graphium sarpedon*（Linnaeus）
分布：华南、西南地区；东南亚、南亚及日本等

玫瑰青凤蝶
Graphium weiskei（Ribbe）
分布：巴布亚新几内亚

统帅青凤蝶
Graphium agamemnon（Linnaeus）
分布：华南地区；南亚、东南亚及澳
大利亚等

钩凤蝶 *Meandrusa payeni*（Boisduval）
分布：我国南方地区；南亚、东南亚

绿凤蝶 *Pathysa antiphates*（Cramer）
分布：华南地区；东南亚、南亚

斜纹绿凤蝶 *Pathysa agetes*（Westwood）
分布：华南、西南地区；东南亚、南亚

白斑阔凤蝶 *Mimoides xynias*（Hewitson）
分布：秘鲁

丝带凤蝶 *Sericinus montelus* Gray
分布：华北、华东地区

透翅凤蝶 *Cressida cressida*（Fabricius）
分布：澳大利亚

梳角番凤蝶 *Parides photinus*（Doubledy）
分布：墨西哥

三尾凤蝶 *Bhutanitis thaidina*（Blanchard）
分布：云南

多尾凤蝶 *Bhutanitis lidderdalii* Atkinson
分布：云南；缅甸、不丹、印度北部、泰国

中华虎凤蝶 *Luehdorfia chinensis* Leech
分布：陕西、江苏、湖北等

曙凤蝶 *Atrophaneura horishana*（Matsumura）
分布：台湾（陈维寿　摄）

多姿麝凤蝶 *Byasa polyeuctes*（Doubleday）
分布：台湾（陈维寿　摄）

绢蝶科 Parnassiidae

　　中型蝴蝶；触角短，端部膨大，体被密毛。翅近圆形，翅面鳞片稀少，半透明，有黑色、红色、黄色等环状斑纹。前翅 R 脉只有 4 条，A 脉 2 条，无臀横脉；后翅 A 脉 1 条，无尾突。

爱珂绢蝶 *Parnassius acco* Gray
分布：新疆、西藏；克什米尔、锡金

白绢蝶 *Parnassius stubbendorfii* Ménétriés
分布：北京、新疆、青海、西藏、陕西、云南；蒙古

艾雯绢蝶 *Parnassius eversmanni* Ménétriés
分布：新疆；俄罗斯、美国等

红珠绢蝶 *Parnassius bremeri* Bremer
分布：黑龙江、河北、新疆等；俄罗斯及欧洲中部

小红珠绢蝶
Parnassius nomion Fischer von Waldheim
分布：东北及新疆、青海；俄罗斯等

君主绢蝶 *Parnassius imperator* Oberthür
分布：青海、甘肃、四川、云南、西藏

蜡贝绢蝶 *Parnassius labeyriei* Weiss et Michel
分布：青海

普氏绢蝶 *Parnassius przewalskii* Alpheraky
分布：新疆、四川、青海等

粉蝶科 Pieridae

中型蝴蝶；翅色一般为白色、黄色、橙色，常有红色或黑色斑纹。触角锤状，头小，下唇须发达，两性的前足发达。前翅通常三角形，也有圆形或顶角突出的。R脉3~4条，极少5条，A脉1条；后翅A脉2条，中室为闭室。

绢粉蝶 *Aporia crataegi* Linnaeus
分布：辽宁、四川、北京等

隔黄迁粉蝶 *Catopsilia scylla* Linnaeus
分布：华南、西南地区；南亚、东南亚及澳大利亚

翅绢粉蝶 *Aporia largeteaui*（Oberthur）

优越斑粉蝶 *Delias hyparete*（Linnaeus）
分布：海南、广东、四川、云南；南亚、东南亚

青园粉蝶 *Cepora nadina*（Lucas）

红腋斑粉蝶 *Delias acalis*（Godart）
分布：海南、广东、云南；南亚、东南亚

橙粉蝶 *Lxias pyrene*（Linnaeus）

黑缘豆粉蝶 *Colias palaeno*（Linnaeus）
分布：黑龙江；日本、加拿大及欧洲

斑缘豆粉蝶 *Cliss erte*（Esper）
分布：黑龙江至浙江；朝鲜、俄罗斯等

橙翅襟粉蝶 *Anthocnaris bambusarum* Oberthur
分布：江苏、浙江等

圆翅钩粉蝶 *Gonepteryx amintha* Blanchard

菲黄纹粉蝶 *Phoebis philea*（Linnaeus）
分布：秘鲁

金顶大粉蝶 *Anteos menippe*（Hübner）
分布：秘鲁

橙翅方粉蝶 *Dercas nina* Mell
分布：广东、浙江

锯粉蝶 *Prioneris thestylis*（Doubleday）
分布：海南、云南、台湾

红肩锯粉蝶 *Prioneris philonome*（Boisduval）
分布：海南、广东；南亚、东南亚

红弧黑粉蝶 *Pereute callinira* Staudinger
分布：秘鲁

红翅尖粉蝶 *Appias nero*（Wallace）
分布：我国；南亚、东南亚

利比尖粉蝶 *Appias libythea* Fabricius
分布：华南；南亚、东南亚

草异形粉蝶 *Lieinix nemesis*（Latreille）
分布：秘鲁

宝玲尖粉蝶 *Appias paulina*（Cramer）
分布：海南、台湾；日本、东南亚

♀

♂

鹤顶粉蝶 *Hebomoia glaucippe*（Linnaeus）
分布：我国；南亚、东南亚

红翅鹤顶粉蝶*Hebomoia leucippe* Cramer
分布：印度尼西亚

闪蝶科 Morphidae

　　大型或中型蝴蝶；腹部特别短。前翅脉纹基部不膨大；后翅开式或有细横脉；翅大，具金属般的蓝色光泽，色泽灿烂；在翅的反面或多或少都有成列的眼斑。

塞浦路斯闪蝶 *Morpho cypris*（Westwood）
分布：哥伦比亚

尖翅蓝闪蝶 *Morpho rhetenor*（Cramer）
分布：巴西、秘鲁

海伦闪蝶 *Morpho helena* Staudinger
分布：秘鲁

夜光闪蝶 *Morpho sulkowskyi*（Kollar）
分布：哥伦比亚、秘鲁

太阳闪蝶 *Morpho hecuba* Linnaeus
分布：巴西

月神闪蝶 *Morpho cisseis*（Felder & Felder）
分布：巴西、秘鲁

晶闪蝶 *Morpho godarti*（Guérin-Méneville）
分布：哥伦比亚）

梦幻闪蝶 *Morpho deidamia*（Hübner）
分布：秘鲁

国王闪蝶 *Morpho didius* Hopffer
分布：秘鲁

花仙闪蝶 *Morpho hyacinthus* Butler
分布：墨西哥

三眼沙闪蝶 *Morpho anaxibia*（Esper）
分布：巴西

兴族闪蝶 *Morpho patroclus* Felder
分布：秘鲁

斑蝶科 Danaidae

　　中型到大型种；头大，触角呈棍棒状且较长，前足退化。雄性前足末端呈皱缩的球状，前翅R脉5条，其中3条基部合并，A脉1条，后翅A脉2条，前后翅中室均为闭式。雌雄蝶斑纹相同，雄蝶前翅Cu脉上或后翅臀区有香鳞区加以区别。另外，雄蝶腹部末端具排攮腺1对。

大帛斑蝶 *Idea leuconoe* Erichson
分布：台湾；印度尼西亚、菲律宾等

金斑蝶 *Danaus chrysippus*（Linnaeus）
分布：华南、西南地区；热带非洲、东南亚及日本、新西兰等

虎斑蝶 *Danaus genutia* Cramer
分布：华南、西南地区及河南、浙江；东南亚及澳大利亚

君主斑蝶 *Danaus plexippus*（Linnaeus）
分布：美国

拟旖斑蝶 *Ideopsis similis*（Butler）
分布：华南、中南地区；南亚、东南亚

长袖斑蝶 *Lycorea ceres*（Cramer）
分布：秘鲁、墨西哥

细纹青斑蝶
Tirumala septentrionis（Butler）
分布：华南、西南地区及河南、浙江；东南亚及澳大利亚

青斑蝶 *Tirumala limniace*（Cramer）

青斑蝶 *Tirumala limniace*（Cramer）
分布：华南、华中、西南地区；南亚、东南亚

异型紫斑蝶 *Euploea mulciber*（Cramer）

绢斑蝶 *Parantica aglea*（Stoll）

环蝶科 Amathusiidae

　　大型或中型蝴蝶；头小，触角细长，前足退化，色彩不鲜艳，翅上有大型环状斑，雌雄异型。翅宽阔，前翅R脉4~5条，其中3~4条基部合并，后翅无尾，A脉2条，前翅中室通常为闭式，后翅中室为开式。雄蝶后翅常有香鳞区。

曲带猫头鹰环蝶 *Caligo oedipus* Stichel
分布：哥伦比亚、南非

猫头鹰环蝶 *Caligo eurilochus* Cramer
分布：秘鲁

宽带猫头鹰环蝶 *Caligo idomeneus* Linnaeus
分布：巴西

紫斑环蝶 *Thaumantis diores* Doubleday
分布：云南、海南、贵州、西藏；缅甸、泰国、印度等

森下交脉环蝶 *Amathuxidia morishiti* Chou et Gu
分布：海南

暗景环蝶 *Opsiphanes invirae*（Hübner）
分布：秘鲁

斜带环蝶 *Thauria aliris*（Westwood）
分布：马来西亚

箭环蝶 *Stichophthalma howqua*（Westwood）
分布：华南、西南、中南地区及陕西；东南亚等

串珠环蝶 *Faunis eumeus*（Drury）
分布：华南、西南地区；缅甸、泰国、印度

大眼环蝶 *Taenaris macrops* C. et R. Felder
分布：印度尼西亚爪哇岛

绡蝶科 Ithomiidae

体型小到中型。翅狭长，鳞片稀少，有鲜艳的颜色。前翅在肘脉与臀脉间无横脉；后翅中室闭式，仅 1 条臀脉，无尾状突起。

迷你裙绡蝶 *Mechanitis polymnia lycidice* Bates
分布：委内瑞拉

裙绡蝶 *Mechanitis* spp.
分布：秘鲁

红裙晓绡蝶 *Tithorea harmonia* Cramer
分布：巴西

晓绡蝶 *Heliconius hecale*
分布：秘鲁

透翅绡蝶 *Ithomia* sp.
分布：厄瓜多尔

白斑鲛绡蝶 *Godyris* spp. Boisduval
分布：巴西

窗绡蝶 *Thyridia psidii*（Linnaeus）
分布：厄瓜多尔

暗神绡蝶 *Ithomia drymo* Hübner
分布：巴西

眼蝶科 Satyridae

中型或小型种类；色泽以灰褐色、黑褐色、棕褐色为多，少数为白色、蓝色或黄色。翅里、翅表有眼纹斑，也有少数种没有眼纹斑。前翅R脉5条，A脉1条，翅脉基部1～3条脉膨大；后翅A脉2条，有肩脉，前后翅中室为闭室。

珥眼蝶 *Erites medura*（Horsfild）
分布：爪哇

紫线黛眼蝶 *Lethe violaceopicta*（Poujade）
分布：广东、浙江、江西等

网眼蝶 *Rhaphicera dumicola*（Oberthür）
分布：华南、华中、西南；南亚、东南亚

托鲁绿眼蝶 *Chloreuptychia tolumnia*（Cramer）
分布：厄瓜多尔

黎红绡眼蝶 *Cithaerias aurorina* Weymen
分布：哥伦比亚、厄瓜多尔、玻利维亚

黄晶眼蝶 *Haetera piera*（Linnaeus）
分布：哥伦比亚、几内亚、巴西、秘鲁

刺瑰绡晶眼蝶
Cithaerias pyropina Salvin et Godman
分布：玻利维亚、巴西、厄瓜多尔、秘鲁

豹眼蝶 *Nosea hainanensis* Koiwaya
分布：海南、广东、广西

蛱蝶科 Nymphalidae

　　中型或大型，少数为小型种。触角长，棍棒状或锤状，翅型和色斑的变化较大，前翅 R 脉 5 条，基部多在中室顶角外合并，A 脉 1 条；后翅中室多为开式，A 脉 2 条。有的种类后翅具 1~2 枚尾状突起。

褐斑蛤蟆蛱蝶 *Hamadryas guatemalena* Bates
分布：墨西哥

西普蛱蝶 *Siproeta stelenes*（Linnaeus）
分布：巴西

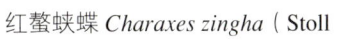

红螯蛱蝶 *Charaxes zingha*（Stoll）
分布：喀麦隆

白带螯蛱蝶 *Charaxes bernardus*（Fabricius）
分布：中南、华南、西南；南亚、东南亚等

大二尾蛱蝶 *Polyura eudamippus*（Doubleday）
分布：华南、中南、西南；南亚、东南亚等

凤尾蛱蝶 *Polyura athamas*（Drury）
分布：华南、西南；南亚

二尾蛱蝶 *Polyura narcaea*（Hewitson）
分布：华北、华中、华南、西南；南亚、东南亚

红锯蛱蝶 *Cethosia biblis*（Drury）
分布：华南、西南；南亚、东南亚

白带锯蛱蝶 *Cethosia cyane*（Drury）
分布：华南、西南；南亚、东南亚

白斑迷蛱蝶 *Mimathyma schrenckii*（Ménétriés）
分布：东北、华北、华南、西南；朝鲜等

环带迷蛱蝶 *Mimathyma ambica*（Kollar）
分布：海南、云南；东南亚

丽蛱蝶 *Parthenos sylvia*（Cramer）
分布：云南

芒蛱蝶 *Euripus nyctelius*（Doubleday）
分布：海南、广东、云南；南亚、东南亚等

穆蛱蝶 *Moduza procris*（Cramer）
分布：华南、西南；南亚、东南亚

黑脉蛱蝶 *Hestina assimilis*（Linnaeus）
分布：东北、华北、华中、华南、西南；朝鲜等

黑紫蛱蝶 *Sasakia funebris* Leech
分布：浙江、广东、福建、四川

大紫蛱蝶 *Sasakia charonda* Hewitson
分布：东北、华北及浙江、广东、台湾；朝鲜等

幸运辘蛱蝶 *Cirrochroa tyche* Felder et Felder
分布：华南及云南；东南亚

♀

♂

裴豹蛱蝶 *Argyreus hyperbius*（Linnaeus）
分布：我国各省区；日本、阿富汗及南亚、东南亚

黄襟蛱蝶 *Cupha erymanthis*（Drury）
分布：台湾、云南；南亚、东南亚

绿裙玳蛱蝶 *Tanaecia julii*（Lesson）
分布：海南、广东、广西、云南；泰国、马来西亚

玄珠带蛱蝶 *Athyma perius*（Linnaeus）

大红蛱蝶 *Vanessa indica*（Herbst）

黄草蛱蝶 *Palla ussheri*（Butler）
分布：中非共和国

鹨蛱蝶 *Consul fabius*（Cramer）
分布：中美洲及哥伦比亚、秘鲁

裕后图蛱蝶 *Callicore cynosura*（Doubleday）
分布：巴西、哥伦比亚、玻利维亚等

端突蛱蝶 *Historis odius*（Fabricius）
分布：美国南部至墨西哥

鸟蛱蝶 *Napeocles jucunda*（Hübner）
分布：秘鲁

炬蛱蝶 *Panacea prola* Doubleday
分布：哥伦比亚

和谐凤蛱蝶 *Marpesia harmonia*（Klug）
分布：墨西哥、尼加拉瓜

斜带凤蛱蝶 *Marpesia corinna* Latreille
分布：巴西、圭亚那、委内瑞拉

剑尾凤蛱蝶 *Marpesia petreus* Cramer
分布：美国南部至阿根廷北部、西印度群岛

缺翅安蛱蝶 *Zaretis itys* Cramer
分布：巴西

犬安蛱蝶 *Polygrapha cyanea*（Godman & Salvin）
分布：秘鲁

始安蛱蝶 *Siderone archidona* Hewitson
分布：秘鲁

铃木安蛱蝶 *Fountainea eurypyle*（Felder & Felder）
分布：秘鲁

双带安蛱蝶 *Fountainea nessus*（Latreille）
分布：秘鲁

粉带荫蛱蝶 *Epiphile dilecta* Röber
分布：秘鲁

双带荫蛱蝶 *Epiphile orea* Hübner
分布：秘鲁

黄条悌蛱蝶 *Adelpha lara* Hewitson
分布：秘鲁

贝茨蛱蝶 *Batesia hypochlora* Felder et Felder
分布：巴西、秘鲁、厄瓜多尔

巴西黄鸭蛱蝶 *Catonephele numilia*（Cramer）
分布：巴西

正

反

黄带鸭蛱蝶 *Nessaea ancaeus* Linnaeus
分布：巴西

电蛱蝶 *Dichorragia nesimachus* Westwood

螯蛱蝶 *Charaxes marmax*（Boisduval）

网丝蛱蝶 *Cyrestis thyodamas* Boisduval
分布：我国华南、西南；南亚、巴布亚新几内亚等

榕丝蛱蝶 *Cyrestis camillus* Fabriciu
分布：非洲

瑶蛱蝶 *Yoma sabina*（Cramer）
分布：海南、广东、云南、台湾；东南亚、澳大利亚等

荣蛱蝶 *Doxocopa agathina*（Cramer）
分布：中南美洲

枯叶蛱蝶 *Kallima inachus*（Boisduval）
分布：陕西、中南、华南、西南；南亚、日本等

蠹叶蛱蝶 *Doleschallia bisaltide*（Cramer）
分布：海南、云南、台湾；东南亚

武铠蛱蝶 *Chitoria ulupi*（Doherty）
分布：海南；南亚、东南亚等

金斑蛱蝶 *Hypolimnas misippus*（Linnaeus）
分布：华南、西南及陕西；东洋区、非洲等

雾洒斑蛱蝶 *Hypolimnas usambara*（Ward）
分布：非洲

波纹眼蛱蝶 *Junonia atlites*（Linnaeus）
分布：华南、西南；南亚、东南亚

网纹蜜蛱蝶 *Mellicta dictynna* Espar
分布：黑龙江；朝鲜及欧洲

荨麻蛱蝶
Aglais urticae（Linnaeus）
分布：黑龙江、广东等；日本及中亚、欧洲中部

散纹盛蛱蝶 *Symbrenthia lilaea*（Hewitson）
分布：海南、广东、广西；南亚、东南亚

文蛱蝶 *Vindula erota* Fabricius
分布：华南、西南；南亚

蒺藜纹脉蛱蝶 *Hestina nama*（Westwood）
分布：海南、广西、云南、四川；南亚、东南亚

黎蛱蝶 *Lebadea martha*（Fabricius）
分布：云南；新加坡、缅甸

孔雀蛱蝶
Inachis io（Linnaeus）
分布：黑龙江、云南等；日本、西欧等

白斑红纹蛱蝶 *Anartia amathea*（Linnaeus）
分布：秘鲁（寿建新 摄）

玫瑰彩袄蛱蝶 *Agrias claudina*（Godart）
分布：巴西

正

反

回纹彩袄蛱蝶 *Agrias amydon* Hewitson
分布：哥伦比亚

蛤蟆蛱蝶 *Hamadryas amphinome*（Linnaeus）
分布：墨西哥（寿建新　摄）

褐色蓝蛱蝶 *Asterope leprieuri* Feisthamel
分布：巴西、秘鲁、厄瓜多尔

轻涡蛱蝶 *Diaethria neglecta* Salvin
分布：哥伦比亚

红涡蛱蝶 *Diaethria clymena*（Cramer）
分布：巴西

黑斑涡蛱蝶 *Diaethria* sp.
分布：厄瓜多尔

伪珍蛱蝶 *Pseudacraea* sp.
分布：非洲

美眼蛱蝶 *Junonia almana*（Linnaeus）
分布：黄河以南各省区；东南亚

黑缘襟蛱蝶 *Cupha prosope*（Fabricius）
分布：澳大利亚

橙斑抱突蛱蝶 *Baeotus japetus* Stgr.
分布：秘鲁

活泼琦蛱蝶 *Cymothoe hobarti*
分布：肯尼亚、乌干达

小红蛱蝶 *Vanessa cardui* Linnaeus
分布：世界大部分地区

黄帅蛱蝶 *Sephisa princeps*（Fixsen）
分布：黑龙江、河南、广东等

袖蝶科 Heliconiidae

中型蝴蝶；头大，触角细长。前翅狭长，长为宽的2倍；后翅中室开式或闭式，有细横脉，肩脉向翅基部弯曲。

海神袖蝶 *Heliconius doris* Linnaeus
分布：秘鲁

艺神袖蝶 *Heliconius erato*（Linnaeus）
分布：巴西、委内瑞拉

艺神袖蝶 *Laparus doris*（Linnaeus）

肘纹型　　　　分布：巴西

诗神袖蝶大红亚种 *Heliconius melpomene* sp.
分布：秘鲁

诗神袖蝶双斑亚种 *Heliconius charithonia*（Linnaeus）
分布：秘鲁

双红带袖蝶 *Podotricha telesiphe*（Hewitson）
分布：委内瑞拉

珠袖蝶 *Dryas julia*（Fabricius）
分布：美国南部至西部、印度群岛

环袖蝶 *Dryadula phaetusa*（Linnaeus）
分布：委内瑞拉

绿袖蝶 *Philaethria dido*（Linnaeus）
分布：巴西、秘鲁

天后银纹袖蝶 *Dione juno*（Cramer）
分布：危地马拉、秘鲁等

珍蝶科 Acraeidae

中型偏小种类；前翅窄长，R脉5条，A脉1条，后翅A脉2条，肩脉向翅端部弯曲，中室开式或闭式，有细的横脉。

苎麻珍蝶 *Acraea issoria*（Hübner）
分布：中南、华南、西南；南亚、东南亚

双纹黑珍蝶 *Actinote diceus* Latrille
分布：南美洲

斑珍蝶 *Acraea violae*（Fabricius）
分布：海南；越南、印度

彩阔束珍蝶 *Actinote terpsinoe*（Felder）
分布：秘鲁

安迪束珍蝶 *Actimote diceus* Latr.
分布：哥伦比亚

线珍蝶 *Bematistes umbra* Drury
分布：乌干达

双带束珍蝶 *Actinote anteas*（Doubleday）
分布：委内瑞拉

喙蝶科 Libytheidae

    中、小型蝴蝶；头小，复眼裸出，下唇须特别长，约与胸部等长，极为显目，触角短，锤状。雄蝶前足退化，雌蝶正常。前翅顶角突出，呈镰刀形的钩状，R 脉 5 条，3 条基部并合，A 脉 1 条；后翅略呈方形，A 脉 2 条，前后翅中室多为开式，翅色灰褐色或黑褐色，有黄白色及棕色斑等。

正   反

朴喙蝶 *Libythea celtis*（Laicharting）
分布：华北、东北、华中、华南等

棒纹喙蝶 *Libythea myrrha* Godart
分布：华南、西南；南亚、东南亚

卡丽美喙蝶 *Libytheana carinenta* Cramer
分布：美国（**寿建新 摄**）

♂ 反

♂ 正

♀ 正

紫喙蝶 *Libythea geoffroy* Godart
分布：海南；南亚、东南亚、澳大利亚

蚬蝶科 Riodinidae

　　小型种；头小，复眼裸出，下唇须短，触角细长，端部锤状明显。前翅R脉5条，后3条基部合并，A脉1条，后翅肩脉发达，A脉2条，大多无尾突，前后翅中室为开式。飞翔迅速，休息时四翅伸开似蚬壳。

盲曲蚬蝶 *Ancyluris mira* Hewitson
分布：秘鲁、哥斯达黎加、玻利维亚

红绿曲蚬蝶 *Ancyluris formosissima*（Hewitson）
分布：秘鲁

红带曲蚬蝶 *Ancyluris huascar* Saunders
分布：秘鲁

玉带溪蚬蝶 *Siseme neurodes* Felder
分布：厄瓜多尔

红斑绿带蚬蝶 *Necyria duellona* Westwood
分布：秘鲁

星雅蚬蝶 *Astraeodes areuta* Westwood
分布：南美洲

紫松蚬蝶 *Rhetus dysonii* Saunders
分布：秘鲁

白蚬蝶 *Stiboges nymphidia* Butler

波蚬蝶 *Zemeros flegyas*（Guerin）
分布：华南、华中、西南；南亚、东南亚

斜带缺尾蚬蝶 *Dodona ouida*（Hewitson）
分布：广东、云南；印度、泰国、马来半岛等

白点褐蚬蝶 *Abisara burnii*（de Nicéville）
分布：华东、华南、四川；印度、缅甸

长尾褐蚬蝶 *Abisara neophron*（Hewitson）
分布：广东、福建、云南；缅甸、泰国等

大斑尾蚬蝶 *Dodona egeon*（Westwood）
分布：海南、云南；印度、马来西亚

萤光咖蚬蝶 *Caria lampeto*（Godoman et Salvin）
分布：厄瓜多尔

七弦琴蚬蝶 *Lyroptectx lyro*（Saunders）
分布：厄瓜多尔

美眼蚬蝶 *Mesosemia* sp.
分布：厄瓜多尔

灰蝶科 Lycaenidae

小型蝶类；翅面常为蓝、绿、橙、红等色，翅反面的斑纹常与正面不同，成为分类的重要依据。雌雄异型，大多雄蝶色泽鲜艳，雌蝶色泽暗淡，复眼裸出，周围有白毛，触角短，锤状，每节有白环；前翅 R 脉大多 3~4 条，A 脉 1 条，后翅大多无肩脉，A 脉 2 条，有的有 1~3 个尾突，前后翅中室开式或闭式。

莱斑灰蝶 *Horaga lefebvrei*（C. et Felder）
分布：菲律宾

台湾紫谷灰蝶 *Sibataniozephyrus kuafui* Hsu et Lin
分布：台湾（徐堉峰　摄）

闪光金灰蝶 *Chrysozephyrus scintillans*（Leech）
分布：海南、广东

玛燕灰蝶 *Rapala manea*

橙灰蝶 *Lycaena dispar*（Haworth）
分布：黑龙江、西藏等；朝鲜及欧洲等

灰蝶 *Lycaena phlaeas*（Linnaeus）
分布：东北、华北、华中

三尾灰蝶 *Lycaena phlaea*（C. et Felder）
分布：华北、华中等地

淡红杜灰蝶 *Drupadia rufotaenia*（Fruhstofer）
分布：菲律宾

豆粒银线灰蝶 *Spindasis syama* Horsfield
分布：华南；南亚、东南亚

冷灰蝶 *Ravenna niveus* Nire
分布：台湾、福建、四川

虎灰蝶 *Yamamotozephyrus kwangtungensis*（Forster）
分布：海南、广东、福建

珂灰蝶 *Cordelis comes*（Leech）
分布：台湾（徐堉峰　摄）

曲纹紫灰蝶 *Chilades pandava*（Horsfield）
分布：海南、广东、台湾等

红条链灰蝶 *Hypochrysops ignita*（Leech）
分布：澳大利亚

帝王丽灰蝶 *Evenus regallis*（Cramer）
分布：厄瓜多尔

婀伊娆灰蝶 *Arhopala bazalus*（Hewitson）
分布：广东等；印度、缅甸等

斜斑彩灰蝶 *Heliophorus phoenicoparyphus*（Holland）
分布：华南、西南；越南等

生灰蝶 *Sinthusa chandrana*（Moore）
分布：华东、华南；南亚、东南亚

安灰蝶 *Ancema ctesia*（Hewitson）
分布：海南、广东、台湾；南亚、东南亚

亮灰蝶 *Lampides boeticus*（Linnaeus）

珍灰蝶 *Zeltus amasa*（Hewitson）
分布：海南、云南；南亚

珀灰蝶 *Pratapa deva*（Moore）
分布：华南、云南；泰国

尖翅银灰蝶 *Cuertis acuta* Moore
分布：陕西以南各省区；印度、日本

紫轭灰蝶 *Euaspa forsteri* Esaki et Shirozu
分布：台湾、福建（徐堉峰　摄）

曲纹拓灰蝶 *Caleta roxus*（Godart）
分布：海南；南亚、东南亚

斑貉灰蝶 *Lycaena virgaureae*（Linnaeus）
分布：黑龙江、新疆；日本、西伯利亚等

正

反

斑伪灰蝶 *Pseudolycaena damo*（Druce）
分布：墨西哥

♂

♀

莱灰蝶 *Remelana jangala*（Horsfield）
分布：东南亚

绿灰蝶 *Artipe eryx*（Linnaeus）
分布：华南、中南、西南；南亚、东南亚

弄蝶科 Hesperiidae

多数小型；少数为中型，体粗，颜色多为黑色、褐色、棕色，少数白色、赭色或黄色。头大，眼有长睫毛，触角基部远离，端部尖出有钩。飞翔迅速，呈跳跃状，多在早晚活动。前翅三角形，R脉5条，都发自中室，A脉2条，离开基部后合并，后翅近圆形，A脉3条，前后翅中室开式或闭式。

约弄蝶 *Jemadia hospita* Butler
分布：秘鲁

白带红臀弄蝶 *Pyrrhopyge cometes* Cramer
分布：厄瓜多尔

白星弄蝶 *Myscelus phoronis*（Hewitson）
分布：秘鲁

链弄蝶 *Heteropterus morpheus*（Pallas）
分布：黑龙江、山西、陕西；朝鲜及欧洲

珞弄蝶 *Lotongus saralus*（de Nicé ville）
分布：四川、浙江、海南；南亚、东南亚

大伞弄蝶 *Bibasis miracula*（Evans）
分布：广东、福建、浙江

褐伞弄蝶 *Burara harisa*（Moore）
分布：海南、广东、广西；南亚、东南亚

白伞弄蝶 *Burara gomata*（Moore）
分布：海南、广东、云南、四川、浙江、福建；
印度、锡金等

绿弄蝶 *Choaspes benjaminii*（Guérin-Méneville）
分布：华中、华南、西南、中南及陕西；南亚等

白弄蝶 *Abraximorpha davidii*（Mabille）
分布：山西、海南等；南亚、东南亚

参 考 文 献

丁岩钦. 1993. 论害虫种群的生态控制[J]. 生态学报, 13（2）: 99~105.

王敏, 范小凌. 2002. 中国灰蝶志[M]. 郑州: 河南科学技术出版社.

孙桂华. 2001. 世界蝴蝶博览[M]. 天津: 天津人民美术出版社.

寿建新, 周尧. 1990. 世界蝴蝶邮票[M]. 西安: 天则出版社.

寿建新, 周尧. 2000. 中外蝴蝶邮票[M]. 西安: 陕西科学技术出版社.

寿建新, 周尧, 李宁飞. 2006. 世界蝴蝶分类名录[M]. 西安: 陕西科学技术出版社.

李传隆. 1995. 云南蝴蝶[M]. 北京: 中国林业出版社.

李传隆, 朱宝云. 1992. 中国蝶类图谱[M]. 上海: 上海远东出版社.

杨集昆. 1988. 昆虫世界 I [M]. 西安: 天则出版社.

张建民, 李传仁, 王文凯, 等. 2008. 蝴蝶文化趣谈[J]. 昆虫知识, 45（2）: 340~344.

张松奎, 赵爱玲. 1996. 蝴蝶世界[M]. 南京: 江苏科学技术出版社.

陈维寿. 1987. 台湾的彩蝶[M]. 台北: 台北南天书局.

周尧. 1994. 中国蝶类志[M]. 郑州: 河南科学技术出版社.

周尧, 冯凤. 2003. 中国历代咏蝶诗词[M]. 香港: 香港天则出版社.

周尧, 袁锋, 陈丽珍. 2004. 世界名蝶鉴赏图谱[M]. 郑州: 河南科学技术出版社.

赵新成. 2005. 蝴蝶"抑春素"诱引寄生蜂[J]. 昆虫知识, 42（3）: 307.

莫容. 2010. 蝴蝶与蝴蝶文化[M]. 北京: 北京燕山出版社.

莫容, 王林瑶. 1993. 蝴蝶[M]. 北京: 中国农业出版社.

顾茂彬. 2003. 试论海南省蝴蝶保护与可持续性利用的关系[J]. 生物多样性, 11（1）:
　　86~90.

顾茂彬. 2008. 生态蝴蝶园的类型与建设[J]. 环境昆虫学报, 30（2）: 167~171.

顾茂彬, 陈佩珍. 1997. 海南岛蝴蝶[M]. 北京: 中国林业出版社.

顾茂彬, 陈佩珍. 2000. 海南岛亚龙湾蝴蝶资源调查与开发利用研究[J]. 林业科学研究,
　　13（3）: 333~341.

顾茂彬, 陈佩珍. 2007. 蝴蝶饲养与产业的发展[J]. 昆虫天敌, 29（4）: 166~172.

顾茂彬, 陈佩珍. 2009. 蝴蝶文化与鉴赏[M]. 广州: 广东科技出版社.

徐堉峰. 2000. 台湾蝶图鉴 1~3[M]. 台北: 国立凤凰谷鸟圆.

崔建新. 2003. 昆虫雌雄嵌合现象[J]. 昆虫知识, 40（6）: 565~570.

彩万志. 1998. 中国昆虫节日文化[M]. 北京: 中国林业出版社.

彩万志, 李淑娟, 来青山. 2002. 昆虫拟态多样性[J]. 昆虫知识, 39（5）: 390~394.